ALMANA

OU PREDICTIONS

VERITABLES.

CONTENANT LES DIVERS CHANGE-
mens qui doiuent arriuer durant le cours des douze Mois de
la preſente Année M. DC. XXXI. ſelon les reuolutions &
rencontres des douze Signes, des ſept Planettes, Eſtoiles
fixes, & autres Corps ſuperieurs.

Le tout diligemment extraict, ſupputé, & calculé des eſcrits
les plus ſerieux, & obſeruations plus aſſeurées de Ptolomée,
Fabry, Cormopede, du Curé de Miremôts, Pierre de Lariuey,
dit le Ieune Troyen, du Comte de la Ianin, du Grand Origan,
& autres Mathematiciens & Aſtrologues, tant anciens que
modernes.

Par l'Illuſt. & Sereniſſ. Seigneur TYCHOBRAE, Aſtrologue, Prince
Danois, & tres-exact obſeruateur des cauſes ſecondes.

BALET

Dancé à Grenoble le Dimanche gras de
ladite Année.

M. DC. XXXI.

dans le monde : mais que de voſtre ſeul aſpect,
& de voſtre rencontre fauorable depend abſolu-
ment toute la bonne ou mauuaiſe fortune des
hommes.

TYCHOBRAE.

RECIT.

A Nuict dans vn chariot tirée de quatre cheuaux noirs, suiuie du Sommeil, & de Morphée ses compagnons inseparables, paroistra la premiere, vous venant faire le recit de ce qui se doit passer dans ce Balet par vne chanson melodieuse, & vn Triô tresagreable, & vous disposera à voir l'entrée des Estoiles fixes representées par les Violons, & celles des sept Planettes, qui par la lumiere de leurs flambeaux vous esclaireront à voir les predictions, & les vers que ce grand Prince Tychobraé vestu en porteur d'Almanachs distribuera à la Compagnie, & apres ouurira l'original du present Almanach, dans lequel vous verrez les aduantures & predictions suiuantes.

B

VERS DV RECIT.

LA NVICT.

SOMMEIL chasse d'icy tes ombres
Et fais tes pauots retirer.

LE SOMMEIL.

A quel suiet dans ces lieux sombres
Vois-ie tant de feux esclairer.

LA NVICT.

Ce sont des amoureux qui marchent sous mes voiles,
Et qu'vn desir picque si fort
D'estre informez par les Estoiles
Ou de leur vie, ou de leur mort.

LE SOMMEIL, LA NVICT, ET MORPHE

Venez venez captifs de ces Diuinitez,
Les Astres vous feront sçauoir leurs volontez.

LA NVICT.

Donne Morphée trefue aux songes.
Laisse ces esprits enchantez.

MORPHEE.

Ne sçais-tu pas que leurs mensonges
Ont dit souuent des veritez.

LA NVICT.

C'est que le Ciel par moy touché de leur martyre
Leur a fait des Dieux obtenir,
Qu'ils apprendront ce soir à lire
Dans le liure de l'aduenir.

LE SOMMEIL, LA NVICT, ET MORPHEE.

Venez venez captifs de ces Diuinitez,
Les Astres vous feront sçauoir leurs volontez.

LA NVICT.

Les Planèttes sans arts Magiques
Vont paroistre deuant tes yeux.

LE SOMMEIL.

Ou ce sont des feux fantastiques,
Ou bien la guerre est dans les Cieux.

LA NVICT.

C'est vn prodige estrange, & non pas vne guerre,
Tu verras encor les Saisons,
Les Estoiles ramper à terre,
Et les Mois porter leurs maisons.

LE SOMMEIL, LA NVICT, ET MORPHEE

Venez venez captifs de ces Diuinitez,
Les Astres vous feront sçauoir leurs volontez.

POVR LES ESTOILES FIXES
representées par les Violons.

D IVINS obiects de qui les yeux
Voudroient comme nous luire aux Cieux,
Vous n'aurez point cet aduantage
Dont vous estes si fort ialoux,
Si quittant cette humeur volage
Vous n'estes fixes comme nous.

POVR LES PLANETTES REPRE-
sentées par les Porte-flambeaux.

Q VELS feux nous paroissent si beaux,
Le Ciel at-il d'autres flambeaux
Dont il veuille esclairer le monde.
O! diuines beautez nous voyons dans vos yeux,
Qu'il faut que desormais nous nous cachions sous l'onde,

Et que nous vous quittions la demeure des Cieux.

Dans la plus sombre obscurité
Vos yeux portent tant de clarté.
Qu'il faut conclurre à nostre honte,
Que dés que vous luisez nos feux sont superflus,
Et si par le passé les Dieux en ont fait conte,
C'est auecque raison qu'ils ne les prisent plus.

POVR MONSIEVR VIDEL
representant Tychobraé Astrologue.

IE suis ce Prophete ancien
Dont parle tant l'historien
Dans le chapitre des merueilles,
Guidé des celestes flambeaux,
I'ay déia dressé par mes veilles
Pour cent ans d'Almanachs nouueaux.

Ie suis rempli d'integrité,
Ie dis tousiours la verité,
Et suis ennemi des sornettes:
Mon poil me fait paroistre vieux,
Mais ie lis encor sans lunettes,
Dans le liure secret des Dieux.

Ie marche tousiours en resuant,
Ie suis extremement sçauant

En l'art de dreſſer l'horoſcope:
I'y ſuis l'homme le plus parfait,
Car c'eſt moy qui predis qu'Eſope
Auroit le corps tout contrefait.

   Ie connois le mal & le bien,
Ie ſçay tout ie n'ignore rien,
Par moy les fols deuiennent ſages:
Ie vois bien loin dans l'aduenir,
Ie rabille les Pucelages,
Et fais les filles raieunir.

   Mes Dames ſeruez vous de moy,
Ie ſuis homme digne de foy,
Qui ne dis pas ce qu'il faut taire,
Que ſi ie parlois librement,
Il n'eſt fille de bonne mere
Que ie ne miſſe en penſement.

I. ENTREE.

A ſaiſon de l'Hyuer repreſentée par quatre Hollandois, ou habitans des Iſles Septentrionales, qui ſe gliſſeront ſur la glace, & feront des poſtures fort agreables.

POVR LES HOLLANDOIS.

ES glaces de cette saison
Detenant nos corps en prison,
Ne nous ont rien laissé de libre que nos ames:
Mais diuines beautez lors que nous vous voyons
Les Soleils de vos yeux allument tant de flames
Que cette glace fond au feu de leurs rayons.

IANVIER.

Prediction.

ES Chats emmaillotez danseront les sonnettes.
La Reyne des Magots les veut danser aussi:
Mais ces galans viendront luy conter des sornettes,
Qui la retireront de ce cuisant souci.

II. ENTREE.

E mois de Ianuier fera la secon-
de entrée portant son Signe pour
coiffure, qui est le Verseur d'eau,
vestu d'vn habit couleur de Nac-
quara, & au dessus couuert de double fil & de

flâmes d'or, dans vn compartiment de cœur
d'argent & efmail bleu coiffé de nuées, les
quatre vens au quatre coftez de la coiffure, au
milieu defquels eft le Verfeur d'eau reprefen-
té par la figure dont on a accouftumé de le
peindre, & par vne fontaine d'eau de fenteur
dont il moüillera la Compagnie.

POVR MONSIEVR DE LA BASTIE
de Chaunes, reprefentant ledit mois de Ianuier, portant ledit Signe du Verfeur d'eau.

S I ie me treuue fous cet Aftre
le crois que cet par vn defaftre,
Pluftot que par Arreft Diuin :
Ie fuis tout contraire à mon Signe,
C'eft vn Verfeur d'eau tres-infigne,
Et ie fuis grand verfeur de vin.

POVR LE MESME,
A Philoclée.

PHILOCLEE quoy que l'Hyuert
M'ait ainfi de glace couuert
N'entrez point dans la defiance,

Mes feux n'en font pas moins ardans,
Car vos yeux ont cette puiſſance,
Si ie géle au dehors, que ie bruſle au dedans.

POVR LE MESME,

PHILOCLEE dont la rigueur
Se fait plus adorer que craindre,
D'vn ſi doux feu bruſle mon cœur,
Que ie ne l'oſerois eſteindre.

Et mon Signe eſt ſi curieux
De nourrir dans moy cette flame,
Qu'il verſe ſon eau par mes yeux
Sans oſer toucher à mon ame.

POVR LE MESME,

A Beliſe.

MES yeux ſi longuement aux pleurs accouſtumez,
Se ſont en fin pour vous en ruiſſeau transformez:
BELISE vos rigueurs me changent en fontaine:
Mais ce qui me conſole apres tant de mal-heurs,
C'eſt que l'eau de mes pleurs
Rend vn fidelle hommage au beau fleuue de Seine.

D

III ENTREE.

A troifiéme entrée fera de trois chats emmaillotez côme des enfans n'ayans que la tefte, la queuë, & les pieds de derriere libres, garnis de fonnettes, au fon defquelles ils en danferont le brânle, & apres fe remettront dans leur air lors que la Reyne des Magots paroiftra pour danfer auffi au fon defdites fonnettes, elle fera fuiuie de deux galans veftus à l'antique, qui ayans danfé quelques poftures auec les Chats & ladite Reyne, prendront chacû vn defdits Chats entre leurs bras, & les tenans en façon d'enfans danferont deux fois leur air, & fe retireront.

POVR LA REYNE DES MAGOTS.

E fuis cette excellente Reyne,
Qui d'ordinaire me promeine
A fin de furprendre les rats:
Par tout ie paffe pour badine,

Mais si pourtant dois-ie estre fine
Puis que ie suis la mere aux Chats.

POVR MONSIEVR ROVS
repreſentant le Courtiſan de la Reyne
des Magots.

V E le deſtin capricieux
Termine mal mon auenture:
Apres auoir ſerui la merueille des Cieux,
Ie ſuis contraint d'aimer vn monſtre de nature.

Pour les Chats.

ENDANT que nous danſons le branle des ſonnettes
Les Rats ſe peuuent bien promener hardiment,
Car le branſle fini nos grifes ſeront preſtes
De les perſecuter mieux qu'au commencement.

LE Prince Tychobraé qui ſera tousjours preſent à toutes les entrées tournera le feüillet
de ſon Almanach, auquel on verra le mois de
Feurier, la prediction duquel vous ne ſçauriez
lire, ſi comme luy vous ne tournez le preſent
feüillet.

FEVRIER.
Prediction.

OVRAGE *Compagnons qu'on reparle de boire,*
Le bon Roy Guillemot est desja de retour:
Et la Reine Gillette aime tant sa memoire,
Qu'elle le suit expres pour le prier d'amour.

IIII ENTREE.

LA quatriéme entrée sera faite par le mois de Feurier coiffé de son Signe qui sont les deux Poissons, ayant les bords de son habillement fourrez & brodez de fleurs d'amandriers, & sa coiffure enrichi de fleurs de primevere.

POVR MONSIEVR LE COMTE D Rochefort representát le mois de Feurier portant le Signe des Poissons.

LE Ciel m'a fait tomber dans un malheur extrême,
Ce Signe à mon humeur n'est en rien conuenant,

Car ces Poiſſons glacez ne ſont bons qu'en Careſme,
Et moy ie n'ayme rien que Careſme prenant.

POVR LE MESME,

A Syluie.

V E ce Signe *&* mon ſort ſont differens! Syluie,
Le Ciel me pouuoit bien placer en d'autres lieux,
Car c'eſt l'eau ſeulement qui luy donne la vie,
Et moy. ie ne la tiens que du feu de tes yeux.

V. ENTREE.

E mois de Feurier s'eſtant reti-
ré, les effects de ſa prediction
arriueront : faiſant la cinquiéme
entrée, qui eſt du Roy Guillemot,
ſuiui de ſon Eſcuyer, & de deux Pages, comme
auſſi de la Reyne Gillette & de ſes deux Da-
moiſelles, qui n'auront pas pluſtot dancé en-
ſemble vn Balet de figures, que le Prince Tychobraé tournera feüillet, & vous verrez le
mois de Mars, apres toutesfois que vous aurez leu les vers de la preſente entrée.

E

POVR MONSIEVR DE LA
Riuiere repreſentant le Roy Guillemot.

D A N S la douceur de mon Empire
Tous mes ſubiets creuent de rire,
Ie ſuis le Roy du Cabaret.
Pour plaire à des beautez ie n'eus iamais de peine,
Car ie ne fais l'amour qu'aux filles de Sylene,
Qui payent mes trauaux du blanc & du clairet.

POVR MONSIEVR COSTE
repreſentant l'Eſcuyer du Roy Guillemot.

IE ſuis ſçauant en la methode
De bien cheuaucher à la mode,
I'y fais à chacun la leçon:
I'ay ce don encor de Nature,
Qu'il n'eſt ſi mauuaiſe monture
Qui reſiſte à mon caueçon.

MARS.
Prediction.

VN viſage tranſi, melancolique, & bleſme,
Viendra pour mener guerre au pere des banquets.

La faim & la maigreur par vn malheur extrême,
Le chasseront en fin malgré tous ses hoquets.

VI. ENTREE

DV mois de Mars, coiffé de son Signe le Belier, vestu d'vn habit vert en broderie de violettes, & enrichi d'v- ne couronne des mesmes fleurs.

POVR MONSIEVR DE MANISSY, representant le mois de Mars, portant le Signe du Belier.

VOICI ce Belier admirable,
De qui la superbe toison,
A donné suiet à la fable
De la conqueste de Iason:
Ah! Celie ah! belle inhumaine,
Que sans prendre beaucoup de peine,
Et sans comme luy recourir
A la magie de Medée,
L'œillade que tu m'as dardée,
A bien tost sceu me conquerir.

VII. ENTREE.

L E mois de Mars n'aura pas disparu que l'effect de sa prediction arriuera en la septiéme entrée, car le Carnaual armé de broches & autres instrumens, de cuisine venans à se produire; Le Caresme suiui de la maigreur & de la faim l'attaqueront si rudement auec leurs lances garnies de poissons, & vn escu couuert d'vn merlus qu'ils luy feront quitter la place à la huictiéme entrée.

POVR MONSIEVR ROVS

representant le Carnaual chassé par le Caresme.

T OY qui m'appelles à la luitte,
Grande Reyne des escargots,
Idole des esprits bigots,
Ne te vante point de ma fuitte:
Il faut que nous tombions d'accord;
Que si ie quitte à ton abord,
Tu ne t'acquiers cet auantage
Que par vn vieux droiét annuel,
Car c'est luy non pas ton courage
Qui te fait vaincre en ce duel.

VIII. ENTREE.

LE PRINTEMPS.

L A saison du Printemps fera la huictiéme entrée representée, par quatre Bergers qui par la propreté de
leurs habits, ou par la gentilesse de
leurs pas donneront suiet de croire qu'ils n'ont
rien de rustique que leur demeure.

POVR LES BERGERS.

E XEMPTS *de toute inquietude,*
Nous viuons dans la solitude,
Où nous treuuons dequoy satisfaire à nos sens;
Et coulans ainsi nostre vie
Sans estre subiets à l'enuie,
Nous goustons la douceur des plaisirs innocens.

Ce Printemps vestu de verdure,
A chassé toute la froidure:
Et Flore sous ses pas fait renaistre les Lis:

F

Mais elle dit fans flatterie
Qu'il n'en croit point dans fa prairie.
De fi beaux qu'elle en voit fur le fein de Phillis.

CEt Aftrologué apres auoir congedié
ces Bergers, tournant le feüillet de fon
Almanach vous fera voir le mois d'Auril.

AVRIL.

Predicſion.

ARMES *debout, guerre à outrance,*
Efcrimeurs à ventre d'Oifon
Paroiftront en cette faifon,
Glaiues en main faute de lance,

IX. ENTREE.

E mois d'Auril fera la neufiéme
entrée auec vn habillement blãc,
brodé d'Anemones, & de Tulip-
pes, coiffé du Taureau fon Signe,
portant vne couronne de mefmes fleurs.

POVR MONSIEVR DE LA
Baſtie de Chaunes, repreſentant le mois
d'Auril, portant le Signe du Taureau.

A PHILOCLEE.

IVPITER autrefois porté
D'vn amour, de luy trop indigne,
Pour enleuer vne beauté
S'alla transformer en ce Signe:
Ie couue vn trop chaſte deſſein,
PHILOCLEE dedans le ſein
Pour me ſeruir de cette amorce,
Car i'eſpere que quelque iour
Ce qu'obtint ce Dieu par la force,
Ie l'auray de toy par amour.

X. ENTREE.

LE mois d'Auril diſparoiſſant ce-dera la place à trois eſcrimeurs croteſques, qui porteront chacun d'eux vne autre teſte ſur la leur, qui tournera à chaque coup de coutelas que ces eſcrimeurs ſe dōnerōt l'vn à l'autre, auec vne telle cadence qu'ils rauiront les yeux des ſpe-ctateurs.

POVR MESSIEVRS LE COMTE
de Rochefort, de Maniſſy, & Francifque re-
preſentans les Eſcrimeurs.

NOVS ſçauons ſi bien par vſage
Eſcrimer en toutes façons,
Qu'apres auoir fait nos leçons,
Les plus poltrons prennent courage:
Nous ſommes encor mieux appris
D'eſcrimer aux champs de Cypris,
Où nous auons plus ⸺ d'eſtude;
Car pourueu ſeulement qu'on nous laiſſe approcher,
Nous auons la botte ſi rude
Qu'elle entre en la portant bien auant dans la chair.

TYchobraé tournant feüillet paroiſtra le mois de May.

***

MAY.

Prediction.

LES Fleurs ne ſeront pas tranquilles,
Et les papillons ſeront pris
Par vn moineau de ſi grand prix,
Qui les ſurprendra, quoy qu'habiles.

XI. ENTREE.

L E mois de May couuert d'vn habit en broderie de roſes, portant le Signe des Gemeaux pour coiffure, fera l'onziéme entrée, & ſe retirant cedera la place à la douziéme.

POVR MONSIEVR DE CROLLES
repreſentant le mois de May, portant le Signe des Gemeaux.

A PHILLIS.

PHILLIS *ie me ris du naufrage,*
Puiſque ie porte ces Gemeaux,
Dont les feux appaiſent l'orage
Si toſt qu'ils luiſent ſur les eaux;
Mais quand ie n'aurois pas cette double lumiere
Qui preſage aux Nochers vn calme gracieux,
Quelqu'effort que fiſt l'eau ie ne la craindrois guiere,
Car ſi ie dois perir, c'eſt du feu de tes yeux.

XII. ENTREE.

T Rois Papillons dançans ſuruiendra vn Moineau qui les ſurprend, & rendront veritable cette prediction.

POVR MESSIEVRS DE BRESSAC
& Sainct Christophle, representans les Papillons.

FLORIDE à quoy nous sert d'approcher le flambeau,
Si voletans autour nous treuuons le tombeau
Où nous croyons treuuer la vie de nos ames:
Encor dans ce mal-heur serions nous glorieux,
(Puis qu'il faut aussi bien nous brusler à des flames)
Si nous pouuions brusler aux flames de tes yeux.

IVIN.

Prediction.

LES femmes ont trop d'une teste,
Et pour nous fascher dans ce mois,
La chacune en portera trois:
O Dieux! la dangereuse beste.

XIII. ENTREE.

LE mois de Iuin vestu d'vn habit de couleur Isabelle en broderie de Lys,

portant pour coiffure l'Efcreuiffe fon Signe,
auec vne couronne des mefmes Lys, fera la
quatorziéme entrée.

POVR MONSIEVR COSTE,
reprefentant le mois de Iuin, portant le Signe de l'Efcreuiffe.

A IRIS.

RIS a cette cruauté,
Que plus i'adore fa beauté,
Moins elle prife mon feruice:
Et mieux elle me voit brufler,
Plus elle comme l'Efcreuiffe
Prend du plaifir à reculer.

L'ESCREVISSE,

A Iris.

ES qu'IRIS eut bruflé mon cœur,
Ie voulus porter la couleur
Du doux brafier qui me confomme;
Et la crainte que i'eus d'efteindre vn feu fi beau
Me fit aller au Ciel, & perdre la couftume
De viure dedans l'eau.

XIV. ENTREE

L'Effect de la prediction du mois de Iuin fera la quatorziéme entrée de cinq femmes à trois teſtes la chacune, quelles remueront d'vne ſi agreable façon que les plus melancoliques perdront cette facheuſe humeur, d'abord qu'ils leur auront veu dancer vn Balet de figures.

POVR LES CINQ FEMMES
à trois teſtes.

V I pourroit vaincre tant de teſtes,
Feroit de fort bélles conqueſtes,
Au ſiecle malheureux où le monde eſt reduit:
Vous ſçauez qu'elles ſont plus trompeuſes que l'onde,
Et que le premier mal qu'on a veu dans le monde,
C'eſt la femme qui l'a produit.

XV. ENTREE.

L'ESTÉ.

Vatre Mores faifant la quinziéme entrée, & reprefentans la faifon de l'Efté par leur couleur bafanée & noire, vous pourroient donner de l'horreur; mais la gentilleffe de leurs pas, la diuerfité de leurs poftures, & la difpofition auec laquelle ils danceront, vous oftát toute l'auerfion que vous pourriez auoir dé cette couleur, vous porteront à vn applaudiffement, & vn adueu que leur Balet fera vne des plus agreables chofes que vous ayez encores veuës.

POVR QVATRE MORES, reprefentans la faifon de l'Efté.

ETTE noire couleur qu'on voit fur noftre corps, *Montre què nous bruflons & dedans & dehors, Il ne s'en peut donner vn plus grand tefmoignage:*

H

Deux grands Soleils nous vont caufant cette chaleur,
Car celuy de la haut nous brufle le vifage,
Et celuy de çà bas nous confume le cœur.

LE Prince Tychobraé tournant feüillet don-nera la place au mois de Iuillet.

IVILLET.

Prediction.

GRIPPE-minaux Efleuz, & coqs de la Parroiffe
Prenent tant de prefens qu'ils en font accablez,
Ayant prins & donné trop de poires d'angoiffe,
Chacun connoit affez comm'ils font endiablez.

XVI. ENTREE,

DV mois de Iuillet, veftu d'vn ha-billement en broderie d'œillets, &
couronnes des mefmes fleurs, &
de fon Signe qui eft le Lyon.

POVR MONSIEVR DE LA
Riuiere repreſentant le mois de Iuillet, portant le Signe du Lyon.

POVR CELIE.

E Lyon que l'amour trauaille iour & nuiƈt,
Veille touſiours deuant la Vierge qui le ſuit,
Craignant que quelque Dieu n'enleue ce bel aſtre:
De cette meſme peur me voyant tourmenté,
Ie veille inceſſamment craignant que ce deſaſtre
N'arriue pour l'obieƈt qui me tient arreſté.

XVII. ENTREE.

'Effeƈt de la prediƈtion de ce mois ſera, que trois Eſleuz faiſans la dix-ſeptiéme entrée, receuront au commencement quantité de preſens d'vn pauure Payſan Dauphinois, & d'vne Payſane; mais à la fin reconnoiſſans que ces Gens ſous leurs manteaux à manches portent des pattes de Chat ; ces Payſans leur donneront des poires d'angoiſſe, & les chaſſeront honteuſement de la Compagnie.

POVR MESSIEVRS LE COMTE
de Rochefort, Coste, de Maniſſy, & la Baſtie de Chaunes, repreſentans les Eſleuz.

NOS grands amis les Partiſans,
Ont expoſé les Payſans
A la merci de noſtre Griffe,
Et celuy de noſtre Bureau
Qui ne ſçait bien plumer l'Oiſeau,
Nous le tenons pour Apocrife.

POVR MONSIEVR LE COMTE
de Grignan, repreſentant le Payſan.

VOY que mon habit ſoit groſſier,
Ie n'en ay pas l'eſprit pour cela moins habile,
Car ie trauaille en vn meſtier,
Qu'on connoit en ce monde eſtre le plus vtile:
Pour eſtre ſi bon laboureur
Le Ciel m'a fait vne faueur,
Qu'il n'a point aux autres donnée;
C'eſt que quand ie rencontre vne terre à mon chois,
Les autres n'ont du fruict qu'à la fin de l'année,
Et moy i'en ay touſiours à la fin de neuf mois.

TYchobraé tournera feüillet, & vous verrez le mois d'Aouſt.

AOVST.

Prediction.

OVRRIER deualisé, pacquets, ~~ouuertes~~ lettres, *ouucrte*
Se treuuant mal monté se sauue sur ses pieds,
Les Dames en riront, intrigues descouuertes
Par curiosité, cheuaux estropiez.

XVIII. ENTREE.

E mois d'Aoust auec vn habillement couuert de quantité de bleu-
uets, pauots, & espicts en broderie, couronné de mesmes fleurs,
faisant la dix-huictiéme entrée,
fera voir qu'il est coiffé de la Vierge qui est
son Signe.

POVR MONSIEVR ROVS,
representant le mois d'Aoust, portant le
Signe de la Vierge.

'ASTRE qui m'a fait amoureux
N'est pas le Signe que ie porte,

I

C'est une Vierge dont les feux,
Me bruſlent bien d'un autre ſorte:
Celle-cy n'a rien de pareil,
Car elle emprunte du Soleil
Les feux dont elle me conſume;
Et l'autre en a tant dans les yeux,
Que de ça bas meſme elle allume
Là haut le cœur de tous les Dieux.

XIX. ENTREE.

VN Courrier ſurpris par des voleurs s'enfuira, ſa malette ſera ouuerte par eux, & ſe treuuera remplie de lettres, qui ſeront renduës ſelon leur adreſſes aux Dames de la Compagnie.

POVR MONSIEVR DE LA Riuiere, repreſentant le Courrier deualiſé.

PHILLIS *ie viens du bout du monde,*
Et puis dire auec verité,
De n'auoir remarqué ſur la terre, & ſur l'onde,
Rien qui ſoit comparable aux traicts de ta beauté.

Les Voleurs dans cet exercice,
M'ayant pillé, vouloient m'immoler au Deſtin,
Et n'eſtoit que ie dois mourir à ton ſeruice
La perte de ma vie eut accreu leur butin.

POVR MONSIEVR DE LA BASTIE
de Chaunes, repreſentant le Poſtillon.

A BELISE.

POVR pouuoir euiter les tormens que BELISE
Me donne dés le temps que ie la vais aimant,
 Dans l'habit où ie me deguiſe,
 Ie cours & roule inceſſamment.

Mais que i'employe mal ma peine & mon adreſſe,
Car le Deſtin me rend mal-heureux à ce poinct,
 Que bien que ie coure ſans ceſſe,
 Sa rigueur ne me quitte point.

Apres que ces Voleurs auront diſtribué toutes les lettres, le Prince Tychobraé à la ma-
niere accouſtumée tournera feüillet pour vous
faire voir le mois de Septembre.

SEPTEMBRE.

Prediction.

VERRES rincez, l'eſperance des vignes,
Donne au cœur ioye aux enfans ſans ſouci;
Ils ſont enfans, mais ils ſe rendront dignes,
D'eſtre parfaits yurongnes, Dieu merci.

XX· ENTREE

L A vingt-tiéme entrée sera repre-sentée par le mois de Septembre, vestu d'vn habillement de cou-leur incarnadine, brodé de fleurs de Iasmin, de meures, & pieds d'aloüette, auec vne guirlande de mesmes fleurs, coiffé de la Balance qu'il a pour Signe.

POVR MONSIEVR DE COLOMBI-niere, representant le mois de Septembre, portant le Signe de la Balance.

A CLORIS.

VOY que mon Signe deût estre a mes voeus propice,
Qu'on le peigne pendant à la main de Iustice,
Qu'il partage les iours aux nuicts esgalement:
CLORIS; ie n'ay pour toy que tristesse en ce monde,
Ie suis tousiours plongé dans vne nuict profonde,
Il rend Iustice à tous fors qu'à moy seulement.

XXI· ENTREE·

V Atre jeunes enfans sur cheuaux fuz vous feront voir la vingt-vniéme entrée, & vous representeront la haste qu'à la jeunesse de courre à la desbauche.

CEt Astrologue ennuyé de la chaleur, que peut estre l'Esté luy pourroit auoir causée, sera curieux de tourner le feuillet de son Almanach, pour faire voir cette agreable saison de l'Automne.

XXII· ENTREE·

AVTOMNE.

L A vingt-deuxiéme entrée vous fera voir la saison de l'Automne, representée par quatre Vendangeurs, qui sera aussi plaisante à vos yeux, que le doux nectar qu'elle poduit peut estre salutaire à vostre cœur.

K

POVR QVATRE VENDANGEVRS,
representans la saison de l'Automne.

Q V E la saison est agreable,
Où l'on cueille ce fruict aymable,
Qui redonne la vie au corps:
O Dieu BACCHVS! mais des Dieux le plus digne,
Sans la liqueur, que nous produit ta vigne,
Nous serions au nombre des morts.

Fy de ces aualeurs de Biere,
Qui croiroient de ne vivre guiere,
S'ils vsoient de ce Ius Diuin:
Ces ignorans ont bien peur de la Parque,
Sçauent ils pas que Châron dans sa Barque?
A tousiours vn tonneau de vin.

LE feuillet de l'Almanach tourné paroistr
le mois d'Octobre.

OCTOBRE.

Prediction.

PANIERS remplis, & vuidez tout à l'heure;
Femmes quittans le fardeau de neuf mois,
Puis qu'il est vray que la saison est meure,
Accoucheront de deux enfans de bois.

XXIII· ENTREE·

L E mois d'Octobre couuert de raiſins & feuilles de vignes en broderie,& couronné d'vne guirlande des meſmes feuilles & raiſins, portera vn Scorpion (qui eſt ſon Signe) pour coiffure, & fera la vingt-troiſiéme entrée.

POVR MONSIEVR DE BRESSAC repreſentant le mois d'Octobre, portant le Signe du Scorpion.

A CLORIS.

D E quelle laſcheté ſi grande,
Me peux-tu CLORIS accuſer!
Qu'ay ie fait pour me refuſer
La gueriſon que ie demande:
Vrayment ce n'eſt pas ſans raiſon
Si languiſſant dans ta priſon
Ie crains beaucoup plus ta piqueure
Que celle de cet animal;
Car au moins s'il fait quelque mal
Luy meſme guerit ſa bleſſure.

XXIIII. ENTREE.

L A vingt-quatriéme entrée fera
deux femmes groffes qui acco
cheront la chacune d'vn Nain,
de deux Billicboquets, qu'ell
fe jetteront l'vne à l'autre, dequoy les Nai
ayans peur, s'enfuiront.

TYchobraé fueilletant fon Almanach tre
uera au penultiéme feuillet le mois de N
uembre.

NOVEMBRE.

Prediction.

SANG refpandu, fi la truye qui file,
A qui fon fang eft extrememement cher,
Treuue ennemis en quelque coin de ville,
Elle fera boudin de fon boucher.

XXV. ENTREE.

E mois de Nouembre, couuert de broderie de toutes sortes de pommes & poires attachées à leurs branches,& couronné de mesmes fruicts, portant le Sagittaire son Signe pour coiffure, vous fera voir la vingt-cinquiéme entrée.

POVR MONSIEVR LE COMTE DE Grignan, representant le mois de Nouembre, portant le Signe du Sagittaire.

A PHILLIS.

VOVS dont i'adore les appas
PHILLIS ne vous estonnez pas,
Si portant cet Archer ie veux aymer ses armes;
Dés que mon cœur vous fut sousmis
Vos yeux m'apprirent par leurs charmes
Que c'estoit mon Destin d'aimer mes ennemis.

XXVI. ENTREE.

Ans la vingt-sixiéme entrée vous verrez l'effect de la prediction de ce mois, qui

sera que deux truyes qui filent, se voyant a
quées d'vn boucher qui les voudra tuer, ap
quelque resistance ce malheureux Bouc
sera par elles assommé.

AV dernier feuillet de l'Almanach le P
ce Tychobraé treuuera le mois de De
bre, & la prediction suiuante.

DECEMBRE.

Prediction.

EN ce mois cy l'on verra deux Chimeres
Qui porteront deux fantômes plaisans,
Et combattront pour l'honneur de leurs meres,
Quatre vingts neuf, ou quatre vingts dix ans.

XXVII. ENTREE.

VOus verrez le mois de Septem
tout herissoné de chatagnes at
chées à leurs branches, mais les p

queuës de leur heriſſon ne ſeront pas beau-
coup à craindre, car ils ne ſeront qu'en broderie, il portera le Capricorne ſon Signe pour
coiffure.

POVR MONSIEVR DE MANISSY
repreſentant le mois de Decembre, portant
le Signe du Capricorne.

A CELIE.

Ô que mon Signe a de puiſſance!
Que ſon pouuoir eſt nompareil,
Puis qu'il peut par ſon influence
Arreſter le cours du Soleil!
Mais que ie ſuis bien miſerable,
Ou qu'amour m'eſt peu fauorable;
Ie ne puis arreſter celle que ie pourſuis:
Ce Soleil de beauté, quoy que ie ſçache faire
Menaſſe de vouloir quitter cet Hemiſphere,
Pour me laiſſer languir dans d'eternelles nuiёts.

XXVIII. ENTREE.

AV lieu de voir l'effeёt de cette prediёtion, vous aurez vn contentement
indicible de voir vn Charlatan qui
viendra auec des marionnettes qu'il fera cau-

fer de la plus plaifante façon qui fe puiffe dire,
& danceront vn Balet que vous treuuerez
tout à fait agreable.

XXIX. ENTREE

Inq Orphées dont la voix jointe à
la douceur de leurs Luths, eft capa-
ble de rauir les rochers les plus in-
fenfibles, accordans auec tant de gentileffe
leurs voix à leurs pas, qu'il ne fe peut rien voir
de plus agreable, ny de plus charmant, feront
la vingt-neufiéme entrée, attendant que les
douze Mois changent d'habillement pour
venir dancer le Balet graue.

POVR LES ORPHEES.

OVS n'auez point fceu voir de fi rares merueilles,
Qu'apres auoir ouy nos luths melodieux,
Vous n'auoüyez que vos oreilles,
Ont receu tout autant de plaifir que vos yeux.

XXX. ENTREE.

A trentiéme & derniere entrée
sera faite par les douze mois, lef-
quels ayans quitté les figures, &
les liurées de leur Signe pour se
parer le chacun de celles de son
Amour, paroiftront veftus de cafaques de fatin,
de cinq diuerfes couleurs, couuertes de paffe-
mens d'argent pour dancer le Balet graue, où
vous admirerez l'inuention de leurs figures, la
beauté de leurs pas, & la difpofition auec laquelle ils danceront : Et vous feront auoüer
(MES DAMES) que c'eft la chofe la plus
agreable que vous ayez encores veuë. Que si
les Vers ne peuuent refpondre à la beauté du
fujet, vous excuferez, s'il vous plait, l'Autheur
qui les a conceus en fort peu de temps, dans
le tracas d'vn Palais où il eft appellé, & dans
vne occupation toute contraire à la Poëfie.

F I N.

www.ingramcontent.com/pod-product-compliance
Lightning Source LLC
Chambersburg PA
CBHW071413200326
41520CB00014B/3419